CH. GUYOT

SECRÉTAIRE PERPÉTUEL DE L'ACADÉMIE DE STANISLAS

ANCIEN DIRECTEUR DE L'ÉCOLE NATIONALE DES EAUX ET FORÊTS

LA FORÊT ET LA GUERRE

(Extrait des *Mémoires de l'Académie de Stanislas*, 1916-1917)

NANCY

IMPRIMERIE BERGER-LEVRAULT

18, RUE DES GLACIS, 18

—

1917

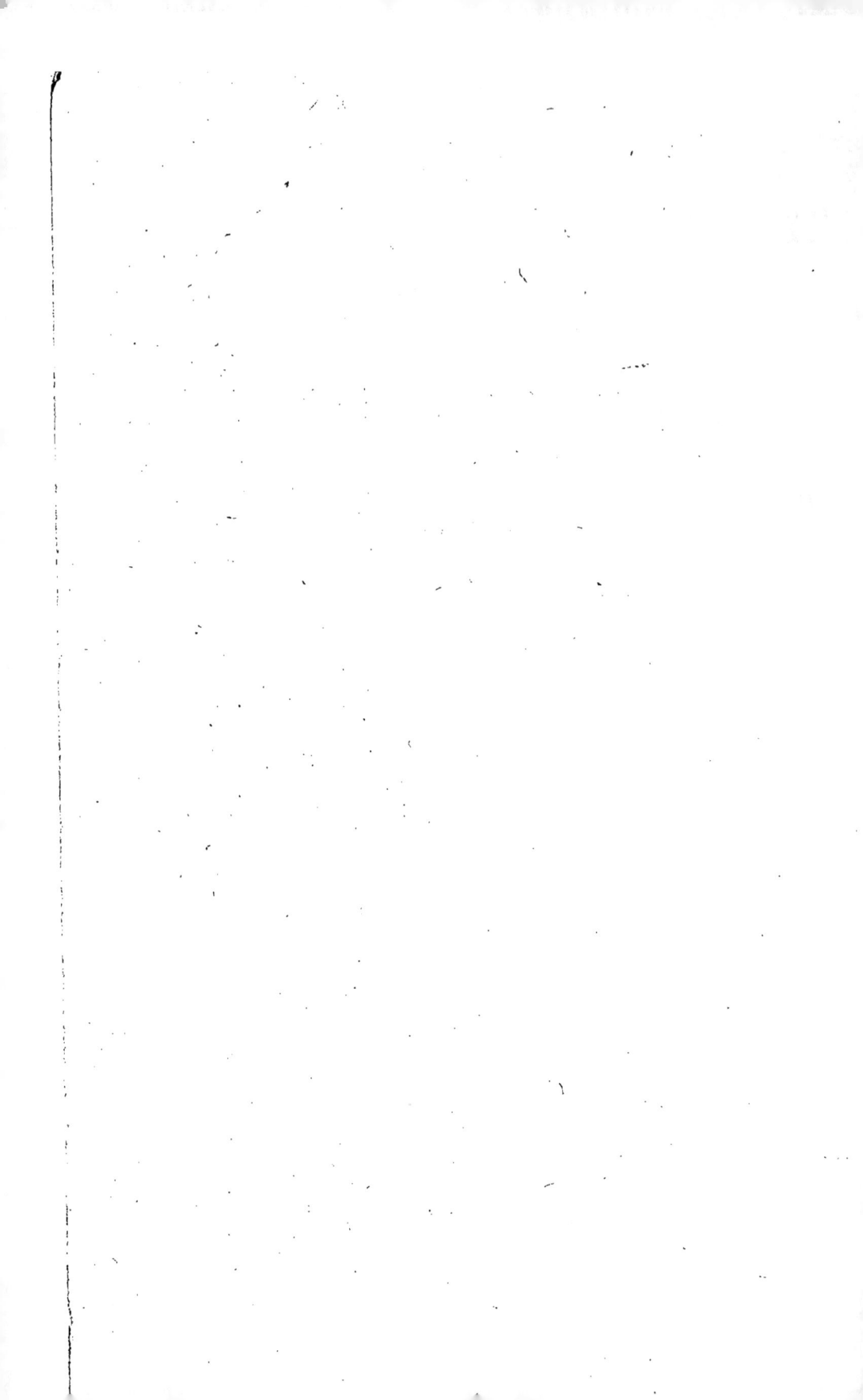

CH. GUYOT

SECRÉTAIRE PERPÉTUEL DE L'ACADÉMIE DE STANISLAS

ANCIEN DIRECTEUR DE L'ÉCOLE NATIONALE DES EAUX ET FORÊTS

186

LA FORÊT ET LA GUERRE

(Extrait des *Mémoires de l'Académie de Stanislas*, 1916-1917)

NANCY

IMPRIMERIE BERGER-LEVRAULT

18, RUE DES GLACIS, 18

1917

LA FORÊT ET LA GUERRE

———

Depuis plus de deux années déjà, l'armée française combat vaillamment sur notre sol envahi. Après les grands mouvements stratégiques qui ont marqué le début des hostilités, du sommet des Vosges jusqu'aux dunes de la mer du Nord, c'est une lutte très âpre et très lente, la guerre de tranchées, dans laquelle les deux adversaires se disputent pied à pied le terrain ; une guerre de sièges où chaque colline, chaque village, transformé en forteresse, voit se dérouler, pour l'attaque et la défense, les mêmes travaux patients, les mêmes héroïques efforts que s'il s'agissait d'emporter l'un de ces boulevards fameux dans l'histoire : Troie, Constantinople ou Sébastopol.

Dans cette forme très inattendue de la guerre actuelle, une technique spéciale, que l'on croyait reléguée dans les lointains souvenirs de l'ancienne poliorcétique, a été renouvelée et amplifiée. Des méthodes de combat qui paraissaient oubliées sont remises en vigueur ; d'autres sont créées de toutes pièces, avec les ressources de la science moderne.

La nature et les accidents du terrain prennent une importance capitale; il faut changer les moyens employés suivant que l'on se trouve soit dans la région mouvementée et sur le sol granitique des Vosges, soit dans les argiles de la Woëvre ou de l'Argonne, les collines caverneuses de la craie champenoise, ou encore les polders submersibles de Dixmude et de Nieuport.

Enfin, la couverture du sol constitue un élément de premier ordre pour faciliter ou entraver l'action des combattants. A cet égard, la forêt joue un rôle très important. Dans les récits de la guerre, dans ces « communiqués » que nous lisons si avidement pour connaître les nouvelles du jour, très souvent on mentionne la forêt, et les noms d'humbles boqueteaux, tout aussi bien que ceux des grands massifs forestiers de France, sont devenus aussi connus, aussi célèbres que ceux des grandes batailles qui depuis des siècles ont ensanglanté nos provinces de l'Est. Nous voudrions attirer l'attention sur ces forêts de France, marquer le rôle important qu'elles ont joué et qu'elles joueront encore jusqu'à notre complète délivrance, constater les dommages qu'elles éprouvent du fait de la guerre, enfin, voir quelles seront les mesures à prendre pour les reconstituer et pour indemniser leurs possesseurs.

Cette importance actuelle de la forêt pour la conduite des opérations de guerre, sans être entièrement nouvelle, est toutefois très caractéristique de notre temps. En 1870, du côté français notamment, les armées ne surent pas en général tirer de la forêt tous les avantages qu'il eût été déjà possible de lui demander. C'est toujours avec une certaine appréhension qu'une troupe de combattants s'engage dans un massif boisé, qu'elle s'imagine plein d'embûches, où la difficulté de s'éclairer à de longues distances, l'enchevêtrement apparent des chemins et des sentiers, l'uniformité des peuplements, favorisent les erreurs et de dangereuses surprises. Dans tout le cours de la guerre de 1870, il ne paraît pas que des combats importants aient été livrés en forêt. Cette répugnance du soldat français à utiliser les massifs boisés pour masquer des mouvements offensifs ou faciliter des retraites avait été remarquée et justement critiquée; en vue de la préparation de la guerre future, les écrivains militaires s'efforçaient de signaler cette lacune dans notre enseignement pratique, et leurs efforts n'étaient pas restés sans résultats. Aussi, dans les manœuvres destinées à tenir en haleine les troupes de couverture de notre frontière de l'Est, la connaissance de la forêt n'était pas négligée, et à tous les officiers de notre 20e corps les massifs boisés des environs de Nancy et de toute la région lorraine étaient depuis longtemps devenus familiers.

On comprenait que dans la guerre future la forêt devait jouer un rôle important; et cependant on ne pouvait prévoir combien, dans la guerre de 1914, ce rôle allait devenir capital. Maintenant, loin de craindre la forêt, de l'éviter et de se garer d'elle, nos combattants s'y installent, s'y fortifient, la considérant comme le meilleur élément de sauvegarde et d'appui. Comment a pu se produire un tel revire-

ment? c'est une conséquence fort remarquable de
l'utilisation rapide de ce que l'on a appelé justement
la cinquième arme; l'aviation a fait tout de suite
comprendre les précieux avantages de la forêt. En
même temps que s'amplifiait la puissance de l'artillerie, il importait de plus en plus de rendre autant
que possible invisibles les positions des batteries, afin
d'éviter qu'elles ne devinssent des buts pour le tir
de l'adversaire. Autrefois il pouvait suffire d'un pli
de terrain, d'un simple bâtiment pour cacher à l'ennemi ces batteries qui n'étaient démasquées qu'à
d'assez courtes distances. Aujourd'hui d'aussi sim-
ples précautions seraient inefficaces. En sol nu, rien
n'échappe à l'œil de l'aviateur; tout ce qui se passe
sur le front ennemi, et bien au delà à l'arrière
de ce front, est facilement repéré; rapidement cet
excellent observateur qu'est l'avion revient donner
les informations les plus précises, dont immédiatement il est tiré parti. Comment empêcher ces indis-
crétions, comment se couvrir d'un rideau protecteur
à l'abri duquel se feront sûrement les préparatifs
d'attaque ou de repli? L'épais manteau de la forêt
peut seul donner cette sécurité nécessaire, et malgré
toute sa perspicacité l'aviateur ne viendra pas à bout
de le percer. Ce sont donc les massifs forestiers, ceux
surtout d'une certaine étendue, qui permettront d'installer des canons que le tir meurtrier de l'adversaire
ne parviendra pas à atteindre; c'est dans les forêts
que seront ménagés les abris les plus sûrs. Et l'effi-
cacité de cette protection sera si bien reconnue que,
parfois, sur des points où la forêt n'existe pas, on

s'efforcera d'en créer le simulacre, en tendant des rideaux de feuillage, telle cette forêt de Birnam que Macbeth voit se dresser tout à coup devant lui, dans le drame de Shakespeare.

Ainsi, sur cette immense étendue du front, de Belfort à la mer, la forêt abrite le soldat; c'est dans son sein que les armées vivent et combattent, et c'est pour la possession du sol forestier que se livrent depuis tant de mois les batailles les plus acharnées. Ce sont des forêts qui couvraient le « Vieil-Armand » dans les Vosges alsaciennes; les forêts de Champenoux et de la Chipotte ont marqué en Lorraine les limites de l'invasion; le bois Le Prêtre vers Pont-à-Mousson, le bois de Mortmare dans la Woëvre sont des noms désormais inscrits dans l'histoire. Plus au nord, l'immense forêt d'Argonne a, comme au temps de la première République, arrêté la marche de l'ennemi et a couvert la place de Verdun. Il n'est pas de petite pineraie en Champagne qui n'ait ses souvenirs glorieux. Et maintenant encore, c'est pour déloger les Allemands du bois de Saint-Pierre que notre effort en Picardie se poursuit avec une âpre ténacité.

Par suite de la lenteur de cette guerre de sièges qui dure depuis deux années, sur beaucoup de points les installations, le plus souvent souterraines, se sont complétées et perfectionnées jusqu'à devenir pour leurs occupants de véritables domiciles. Le même soldat a vu « sa forêt » prendre tous les aspects des saisons; elle s'est parée sous ses yeux des splendeurs du printemps et de l'été; il l'a vue se revêtir des teintes éclatantes de l'automne, se dépouiller ensuite de sa parure, sans cesser de lui assurer un abri. Pour beaucoup, ce spectacle a été une révélation; même pour nos enfants de l'Est, qui n'avaient fait jusqu'à présent que la parcourir en de courtes promenades, ce contact prolongé, cette vie intime de la nature dont ils n'avaient pas même l'idée, a vivement frappé leur imagination, et leurs récits traduisent éloquemment l'impression qu'ils ont ressentie. A plus forte raison nos Méridionaux, pour qui la forêt n'était le plus souvent qu'un maquis parsemé de buissons de chênes verts, se sont-ils sentis pleins d'admiration pour la haute futaie de sapins ou pour ces voûtes de cathédrales que rappellent nos vieux massifs de chênes et de hêtres. Tous ceux qui ont ainsi vécu dans la forêt en conserveront sûrement le souvenir, d'admiration et de reconnaissance. Ils seront plus tard les défenseurs de la forêt dans les régions où elle est méconnue et menacée; ils seront peut-être les meilleurs artisans de reconstitution de la forêt française partout où la guerre l'aura détruite.

Car nous devons nous attendre, une fois cette guerre finie, à constater bien des ruines, et celles de nos forêts ne seront pas les moindres ni les plus faciles à réparer. Nous allons nous trouver en présence de situations très variées, suivant l'intensité de la lutte, et surtout sa durée dans l'intérieur ou aux abords des massifs forestiers. Avant que la guerre de tranchées n'ait immobilisé l'armée sur tout le front, dans cette période qui s'étend du début de l'invasion jusqu'à la fin de la bataille de la Marne,

les forêts de l'Est ont été seulement traversées; elles
ne sont pas détruites, il semble même qu'elles aient
peu souffert. Tous les arbres, ou à peu près, sont
encore debout; on ne voit, au premier aspect, que
quelques branches brisées, quelques troncs éraflés;
le dommage paraît insignifiant. Cependant, même
dans ces circonstances les plus favorables, la dégra-
dation du peuplement peut être énorme. Depuis longtemps déjà, à la suite des manœuvres du temps de
paix où des combats fictifs d'infanterie avaient des
forêts pour théâtre, on avait pu remarquer combien
le feu, relativement modéré, du fantassin était nui-
ible aux arbres qui se trouvaient atteints. Cette
petite balle du fusil d'infanterie, surtout lorsqu'elle
reste dans le corps de l'arbre, y produit de tels dé-
sordres que la valeur du bois en est irrémédiablement
dépréciée. Plus la forêt est riche, plus les arbres de
futaie sont nombreux et de fortes dimensions, plus
cette dépréciation est importante. A la suite d'un
combat réel, où l'artillerie ne serait même pas inter-
venue, la forêt en apparence à peu près indemne
pourra donc avoir subi un très grave dommage. Ces
beaux arbres, qui paraissent intacts, sont presque
tous frappés à mort; il faudra les abattre sans retard,
et leur bois, qui pouvait valoir 50 francs le mètre
cube et même davantage, ne sera plus utilisé que
comme un vulgaire chauffage, perdant ainsi les neuf
dixièmes de sa valeur.

Si le combat s'est prolongé dans la même région,
si le feu de l'artillerie s'est joint à celui des fantas-
sins, si surtout la lutte de tranchées s'est immobilisée

*

dans la forêt, alors les dégâts, apparents ou réels,
peuvent être encore bien plus considérables. Nous
avons tous lu ces descriptions, si précises et si vraies,
du théâtre de la guerre en Alsace, autour de Verdun,
en Champagne, en Picardie; nous avons vu ces pho-
tographies qui nous représentent un sol bouleversé
de trous d'obus, au milieu desquels émergent çà et
là des troncs déchiquetés. C'est sur ces emplacements
que s'élevait auparavant la forêt, la belle futaie
feuillue ou résineuse; maintenant ce n'est plus qu'une
sorte de paysage lunaire, auquel ne convient aucun
nom; c'est la « Brosse à dents », le « Bois Sabot », le
« Trou-Bricot »; c'est moins que rien, c'est le désert
où il semble qu'aucune végétation ne pourra plus
revivre. Dans la zone des combats, il y aura ainsi
une infinie variété de dommages, depuis la simple
dépréciation jusqu'à l'anéantissement complet.

Mais ce n'est pas seulement dans cette zone que
la forêt aura souffert; en arrière, sa richesse aura
fréquemment été diminuée par suite d'exploitations
plus ou moins intensives, motivées par les besoins de
l'armée. Sans parler du chauffage pendant les longs
mois d'hiver, l'installation des troupes dans leurs
demeures souterraines, l'aménagement et la conso-
lidation des tranchées et des boyaux de communi-
cation, consomment une quantité énorme de matériel ligneux que doivent fournir les forêts de l'arrière,
et qui font l'objet de multiples réquisitions portant
sur des marchandises très diverses, depuis les gaules
servant aux fascinages et les rondins nécessaires au
boisement des parois, jusqu'aux troncs de dimen-

sions plus fortes qui serviront à consolider les abris, et qui, recouverts de terre ou de gazon, formeront la meilleure protection contre les obus, contre ce « marmitage » des grosses pièces duquel il est si difficile de se garantir.

Pour se procurer toute cette quantité de bois, qu'il faut renouveler constamment, les exploitations ordonnées par l'autorité militaire se firent d'abord un peu au hasard, en courant au plus près, sans souci de l'avenir, aussi bien dans les forêts des particuliers que dans celles de l'État ou des communes, et très souvent elles eurent pour effet un gaspillage de la richesse forestière et des dégâts inutiles. Maintenant il n'en est plus ainsi : peu à peu a été organisé le « Service forestier aux armées »; à chaque secteur sont attachés un ou plusieurs agents de l'Administration des Eaux et Forêts, chargés d'asseoir les coupes, de désigner les arbres à abattre, de surveiller les exploitations. C'est en même temps une garantie précieuse pour les propriétaires, et pour l'armée le meilleur moyen d'arriver sans retards à un approvisionnement suffisant.

Ce que nous voyons se passer dans la zone occupée par nos soldats se reproduit certainement, dans des conditions analogues, pour les parties de notre territoire où se trouve encore l'ennemi. Là pareillement vivent des centaines de milliers d'hommes, auxquels il faut assurer le chauffage et tout le bois nécessaire aux tranchées ainsi qu'aux abris souterrains. Ce matériel, les Allemands l'exploitent dans les forêts qui se trouvent à leur portée, et probablement ce n'est pas le souci de l'avenir qui peut les engager à se montrer économes et ménagers de notre bien. Enfin, dans toutes les régions françaises occupées par l'ennemi, ce ne sont pas seulement les besoins de l'armée auxquels la forêt doit pourvoir : pour les Allemands, la forêt comme la mine est une richesse qu'ils entendent exploiter à leur profit, et dont ils font écouler les produits le plus loin possible du théâtre de la guerre. Nos plus beaux bois de futaies prennent ainsi le chemin de l'Allemagne : ainsi déjà en 1870 les Prussiens avaient commencé des exploitations de gros bois, en Lorraine et ailleurs, mais les hostilités ne durèrent pas assez longtemps pour leur permettre le déménagement complet de nos forêts domaniales. Avec la durée de la guerre actuelle, ils auront eu le temps de tout vider à leur convenance, et il faut nous attendre à ne plus trouver dans nos pays reconquis que des forêts saccagées par la hache de l'envahisseur.

Ainsi, soit du fait de l'ennemi, soit de ce côté du front pour les besoins de nos soldats et les nécessités de la lutte, une large zone boisée, plusieurs centaines de milliers d'hectares de forêts, vont se trouver soit entièrement détruits, soit plus ou moins dégradés à la suite de cette guerre. Nous allons étudier comment ces dommages doivent être constatés, à quelles conditions les indemnités seront accordées aux propriétaires, comment enfin ceux-ci pourront parvenir à réparer des ruines dont nous voudrions tout d'abord mesurer l'étendue.

D'après une statistique officielle dressée en 1912,

dans les dix départements encore occupés par l'ennemi, la surface boisée totale se monte à près de 1.200.000 hectares, se divisant à peu près également entre l'État et les communes, d'une part (forêts publiques ou bois soumis au régime forestier), et d'autre part les particuliers. Les particuliers propriétaires sont au nombre d'environ 120.000, la plupart petits et même très petits propriétaires, ne possédant que des surfaces inférieures à 10 hectares (1). De ces dix départements, un seul aujourd'hui est entièrement sous la domination de l'envahisseur; les autres se trouvent plus ou moins entamés par la ligne du front, depuis les Vosges jusqu'à la mer du Nord. Mais comme, avant l'immobilisation de ce front, dans plusieurs autres départements les forêts ont été également atteintes, comme d'autre part à l'arrière les exploitations s'étendent et s'amplifient constamment, il n'est pas exagéré de considérer ces chiffres comme représentant approximativement l'étendue des forêts ayant subi ou devant subir des dommages de guerre, et le nombre des personnes qui auront à réclamer des indemnités. Si l'on

_____

(1) On s'imagine souvent, bien à tort, que la forêt est l'apanage exclusif de quelques grands propriétaires : il n'en est rien. Les grandes masses de forêts particulières sont au contraire très rares, et l'immense majorité des bois non soumis au régime forestier sont en réalité des boqueteaux de moins de 10 hectares. C'est donc la très petite propriété boisée qui est la règle, l'autre n'est qu'une exception. Dans les dix départements que nous considérons, les propriétaires de moins de 10 hectares figurent pour plus de 90 % du total, et ceux de plus de 500 hectares, que l'on peut seuls considérer comme de grands propriétaires, sont en nombre infime, 1/2 %.

réfléchit que pour l'ensemble du territoire français la surface boisée est à peine de 10 millions d'hectares, dont 6 à 7 millions aux mains de 1.500.000 particuliers, on voit que c'est à peu près exactement un huitième du domaine forestier français qui se trouvera plus ou moins ruiné du fait de la guerre, et que 13 % des particuliers propriétaires de bois sont intéressés à la réparation de ces dommages. On conçoit donc que les questions soulevées par l'évaluation et le paiement des sommes dues aux propriétaires de bois sinistrés méritent d'attirer l'attention du législateur, d'autant mieux que la nature de la propriété forestière comporte nécessairement des règles spéciales qui ne sont pas applicables aux autres immeubles ruraux.

L'une de ces règles concerne l'appréciation du dommage futur causé aux peuplements ligneux par des exploitations anticipées. Cette appréciation sera presque toujours nécessaire pour déterminer l'indemnité due aux propriétaires forestiers. Presque toujours, en effet, dans l'estimation des bois endommagés ou détruits, il y a lieu de tenir compte, à côté de leur valeur marchande ou de consommation, de leur valeur d'avenir. C'est seulement au cas où le sinistre n'a atteint que des arbres arrivés à leur âge d'exploitabilité qu'il suffit d'allouer aux propriétaires une somme représentant la valeur de consommation; partout ailleurs une telle indemnité serait insuffisante. Il est facile de concevoir que la coupe d'un jeune arbre en pleine croissance cause au propriétaire un préjudice supérieur à la valeur marchande

de cet arbre : c'est que, plus les bois vieillissent sur
pied, plus la qualité de la marchandise qu'ils four-
nissent se trouve augmentée. Il n'est donc nullement
indifférent au propriétaire de recevoir la valeur d'un
mètre cube de bois de chauffage que peuvent produire de jeunes arbres, ou celle d'un mètre cube de
bois d'industrie que devaient lui fournir ces mêmes
arbres arrivés au terme de leur exploitabilité.

Cette notion du dommage futur résultant de la
valeur d'avenir des bois prématurément exploités est
bien spéciale à la propriété forestière. Elle ne se ren-
contre pas dans l'évaluation d'autres dommages
urbains ou ruraux : ainsi, pour une maison démolie
ou une récolte détruite, il suffit d'évaluer ce que
valait la maison, ce qu'aurait produit la récolte si le
sinistre ne l'avait pas atteinte. Il n'est pas étonnant
que les propriétaires forestiers qui ont réclamé des
indemnités en vertu de la loi du 3 juillet 1877 sur
les réquisitions militaires n'aient rien pu obtenir au
delà de la valeur marchande ou de consommation
des bois réquisitionnés; mais du moins il est certain
qu'en outre de cette valeur ils ont droit à une autre
indemnité correspondant au dommage futur, en se
fondant sur la législation nouvelle relative aux dommages résultant des faits de guerre. Si donc il y a eu
réquisition, l'indemnité peut être fixée séparément
par deux organes différents : pour la valeur actuelle
par les commissions de la loi de 1877, et pour la
valeur d'avenir par d'autres commissions compétentes en matière de dommages de guerre. Si le sinistre provient d'une cause autre que la réquisition,

ce seront ces dernières qui auront à évaluer en même temps les deux éléments du dommage.

La nécessité de tenir compte de la valeur d'avenir dans l'estimation des peuplements forestiers endommagés ou détruits a paru si évidente que, dès avant le fonctionnement des commissions instituées pour l'évaluation des dommages de guerre, avant même que la législation de la matière ait été complétée, des règles ont dû être posées pour que les droits des propriétaires forestiers ne soient point méconnus. Ces règles se trouvent dans la *Notice concernant les forêts* publiée le 27 mai 1915, au nom de la Commission supérieure d'évaluation instituée par le décret du 4 février 1915 (1).

---

(1) *Notice concernant les forêts. Annexe au rapport général présenté au nom de la Commission supérieure,* par M. Hébrard de Villeneuve (Imprimerie Nationale, 15 pages in-folio, avec un barème faisant connaître les valeurs du coefficient $\dfrac{(1 + t)^{n'} - 1}{(1 + t)^n - 1}$ par lequel il faut multiplier le revenu r que fournit un peuplement exploité à l'âge n pour obtenir la valeur de ce bois à un âge inférieur n'). Nous extrayons du préambule de cette notice le passage suivant : « La propriété forestière est peut-être la propriété la plus éprouvée par la guerre dans la zone des combats. Bien que moins apparente aux yeux du public et frappant moins l'imagination, la destruction des forêts est cependant comparable à celle de la propriété bâtie. Elle est même particulièrement grave dans ses conséquences, car les forêts détruites ne peuvent généralement être reconstituées qu'à une échéance très lointaine. D'autre part, la répercussion des dommages causés à la propriété forestière est peu connue et leur évaluation est extrêmement délicate. La diversité de ces dommages rend en effet leur constatation fort malaisée, et leur appréciation exige des connaissances spéciales, notamment en économie forestière. »

Ce décret, qui a été complété par un autre en date du 20 juillet 1915, a été rendu par application de l'article 12 d'une loi du 26 décembre 1914, qui pose en principe que l'État est tenu de réparer les dommages matériels résultant de faits de guerre. Le principe ainsi établi devait évidemment recevoir son développement dans d'autres textes législatifs dont l'urgence se fit très promptement sentir; seulement, telles sont les lenteurs de notre procédure parlementaire, que le projet de loi définitif sur « la réparation des dommages de guerre » est encore à l'heure actuelle en discussion devant la Chambre des Députés. Il est peu probable d'ailleurs que le texte de ce projet sorte modifié dans ses dispositions essentielles; nous pouvons donc le supposer adopté, et apprécier par avance quelles en seront les conséquences pour les propriétaires de bois (1).

Nous n'exposerons pas ici les moyens que doivent employer ces propriétaires pour obtenir, devant les juridictions compétentes, le règlement des dommages dont ils ont souffert (2). Nous supposerons les indem-

---

(1) En prévision sans doute du vote immédiat d'une loi sur la réparation des dommages de guerre, les décrets portant règlement d'administration publique des 4 février et 20 juillet 1915 s'étaient hâtés d'organiser une procédure, de constituer des juridictions; puis ce fut en vertu d'une simple instruction émanant de l'une de ces juridictions, la Commission supérieure, que des règles de compétence furent établies. C'était vraiment intervertir l'ordre normal du travail législatif. Voilà près de deux ans que la loi, qui eût dû être votée d'urgence, attend le bon plaisir des Chambres; elle entraînera sûrement la modification d'un certain nombre de dispositions des décrets de 1915.

(2) Le projet de loi réserve expressément aux sinistrés la

nités fixées, et il nous reste à étudier les conditions,
— l'une du moins des conditions — auxquelles est
subordonné le paiement. A cet égard, il importe de
remarquer que les relations du propriétaire sinistré
avec l'État sont tout autres que celles d'un créancier
ordinaire avec son débiteur. Ce n'est pas sur le droit
de propriété individuelle que la législation nouvelle
entend baser le droit à la réparation du dommage;
elle crée un droit spécial, une sorte de « droit social ».
Sans doute la République proclame la solidarité de
la nation devant les charges de la guerre et promet

faculté qui leur appartient, en cas de réquisitions, d'user de
la loi de 1877; mais cette loi, nous l'avons dit, ne permet
pas, en matière forestière, de tenir compte des valeurs d'avenir. Ce ne sera donc que très exceptionnellement que cette
loi pourra suffire aux propriétaires forestiers, qui, généralement, devront se servir de la législation spéciale des dommages de guerre, dont les dispositions essentielles, en ce qui
concerne la procédure, peuvent se résumer ainsi qu'il suit :
A partir d'une date fixée par arrêté préfectoral, et dans un
délai assez bref, une demande d'indemnité est déposée par
le sinistré à la mairie du lieu où s'est produit le dommage;
cette demande doit être accompagnée de toutes pièces pro-
pres à permettre l'évaluation, telles que rapports d'experts,
attestations certifiées, etc. Examen de la demande est fait par
une commission cantonale, qui doit faire connaître les procédés et les taux d'évaluation (la commission départementale
prévue aux décrets de 1915 paraît réservée aux dommages
éprouvés par les personnes morales, telles que les communes
et les établissements publics). Si le sinistré n'accepte pas
l'indemnité fixée par cette commission, sa réclamation fait
l'objet d'une décision du « tribunal des dommages de guerre »,
juridiction créée temporairement au chef-lieu de chacun des
départements où des commissions ont été constituées. Ce tribunal statue en dernier ressort; toutefois les parties peuvent
encore recourir à la « Commission supérieure des évaluations »
instituée à Paris par les décrets de 1915, mais seulement « en
ce qui concerne les méthodes et les taux ».

de réparer tous les dommages causés par les faits de guerre; mais il faut entendre que ces dommages seront réparés dans l'intérêt de la société, par l'intermédiaire des sinistrés : c'est donc seulement dans la mesure où cette réparation sera profitable à la nation. D'où ce principe du « remploi » auquel est subordonné le paiement de toute indemnité. Le sinistré ne peut disposer comme il l'entend des sommes qui lui sont allouées : il doit nécessairement s'en servir pour restaurer et rétablir dans l'état antérieur les biens endommagés; il n'est fait exception qu'en cas d'impossibilité, et nous devons remarquer que ces exceptions, telles qu'elles sont spécifiées au projet de loi, ne mentionnent pas les forêts.

Pourtant, il est bien évident que l'obligation du remploi, telle qu'elle résulte de ce projet de loi, est incompatible avec la nature de la propriété forestière. Il est toujours facile, avec une indemnité suffisante, de reconstruire, dans un très bref délai, une maison ou une usine; avec la meilleure volonté du monde, on ne pourra jamais rétablir promptement une forêt dans l'état où elle se trouvait avant les événements de guerre qui l'ont détruite. C'est qu'il entre toujours en ligne de compte, pour réaliser ce rétablissement, un facteur dont nous ne sommes pas les maîtres : le temps, sans lequel tout travail de restauration sera toujours incomplet. Quoi qu'il fasse, le propriétaire sinistré ne pourra employer à la restauration de sa forêt qu'une part souvent infime de l'indemnité représentative de la valeur qu'avait cette forêt. Sans doute, il pourra niveler le terrain, semer ou planter,

réparer les chemins; mais c'est seulement au bout
d'un temps très long que le nouveau peuplement créé
à la suite de ces travaux acquerra de la valeur. Ce
qui donne en effet de la valeur à une forêt, c'est sa
superficie, son matériel sur pied, et ce matériel ne
peut se reconstituer que très lentement. Une vieille
futaie feuillue, une sapinière en bon état de produc-
tion, peuvent valoir 8.000, 10.000 francs l'hectare
et même davantage. Or, les travaux de reconstitution
d'une telle forêt n'emploieront que quelques centaines de francs : si donc on limite à cette fraction
la part de l'indemnité dont le paiement est immédiatement exigible, le propriétaire va se trouver frustré de
la presque totalité des sommes auxquelles il a droit.
Il serait donc nécessaire de prendre à cet égard des
dispositions spéciales aux forêts.

Ni dans le projet en discussion devant la Chambre,
ni dans les décrets réglementaires de 1915, nous ne
trouvons la moindre mention de la propriété forestière. Après avoir posé, dans son article 3, le principe
que l'octroi d'une indemnité est subordonné à la condi-
tion du remploi, sauf exception, et dans l'article
suivant que le remploi doit être fait « en identique ou
similaire », ce projet dispose (art. 6), que la dispense
totale ou partielle du remploi pourra être prononcée
« en raison de la nature ou de l'emplacement des
biens », et il reconnaît (art. 15) au tribunal des dommages de guerre compétence pour prononcer sur
« toutes les modalités du remploi ». Il est donc permis
de supposer que les commissions d'évaluation pourront distinguer, dans le total de l'indemnité, la part

afférente aux travaux de reconstitution de la forêt, et
que le tribunal, limitant à cette part l'obligation du
remploi, pourra ordonner que le surplus sera versé
au propriétaire sinistré. Mais qu'arriverait-il si ce
tribunal, méconnaissant la « nature » de la propriété
forestière, interprétant strictement l'obligation de
remployer « en identique ou similaire », se refusait à
admettre le remploi partiel? Ce tribunal prononce
souverainement, et la Commission supérieure ne
peut infirmer ses jugements qu' « en ce qui concerne
les méthodes et les taux ». Le propriétaire forestier
se trouve ainsi à la merci d'une jurisprudence qui
peut lui causer un préjudice contre lequel il ne lui
restera aucun recours. Il est donc nécessaire que le
législateur admette expressément en faveur de la propriété forestière une dispense de remploi, soit de la
totalité de l'indemnité, soit tout au moins de la part
qui ne peut être utilisée immédiatement pour la
remise en état de l'immeuble. Et comme il est peu probable que ces dispositions puissent trouver place dans
le projet actuellement en discussion devant la Chambre, c'est une loi spéciale qui devra intervenir pour
régler, non seulement cette question du remploi, mais
aussi en même temps d'autres questions également
intéressantes pour l'avenir de la forêt détruite ou
endommagée par la guerre.

Ainsi, une mesure strictement équitable consistera
dans une exemption d'impôts en faveur de la forêt
reconstituée. Cette faveur se justifie facilement, si l'on
remarque que le propriétaire forestier va se trouver,
avec cette forêt nouvelle, dans une situation très diffé-

rente de celle des propriétaires de maisons, d'usines,
ou même d'autres biens ruraux. Ceux-ci, après emploi
de l'indemnité, tireront immédiatement de leurs
immeubles reconstitués les mêmes revenus qu'avant
le sinistre, sinon des revenus supérieurs; tandis qu'il
se passera de longues années avant que la forêt nouvelle puisse donner à son propriétaire quelque revenu;
elle ne sera pour lui qu'un poids mort qu'il devra sup-
porter ainsi sans pouvoir s'en décharger, puisque la
prohibition du défrichement, qui lui sera toujours
applicable, ne permettra pas d'utiliser autrement ce
fonds auquel le temps seul donnera de la valeur. Il
est donc juste que, pour une fraction de l'impôt
correspondant à la part d'indemnité qu'il a dû consa-
crer à la reconstitution de sa forêt, le propriétaire
soit assuré d'un dégrèvement qui lui serait acquis jusqu'au moment où le jeune peuplement aurait atteint
l'âge, trente ans, par exemple, auquel il sera possible
de lui demander quelques produits.

Par d'autres moyens encore l'État devra venir en
aide aux propriétaires, en raison des motifs d'utilité
publique qui lui commandent de favoriser la reconstitution de la forêt. Partout où l'Administration des
Eaux et Forêts entretient un personnel pour la ges-
tion des forêts domaniales ou communales, cas très
fréquent dans les régions de l'Est de la France, il
devrait être entendu que non seulement ce personnel
sera employé dans l'intérêt de l'État et des communes,
mais que de plus il sera mis à la disposition des particuliers pour leur fournir graines et plants, pour surveiller l'exécution de leurs travaux, ou tout au moins

pour donner à ces propriétaires une direction, des
conseils qui leur seront précieux. Ce que des lois spéciales ont prévu, pour la restauration des montagnes
par exemple, peut être justement étendu à la restauration de cette zone forestière, atteinte par le fléau
de la guerre, tout aussi destructeur que celui des
torrents.

Il pourra se faire aussi que le propriétaire de la
forêt ruinée, soit parce qu'il n'habite pas sur les lieux,
soit pour toute autre cause, s'estime incapable de
mener à bien les travaux qui lui sont imposés. Il pourrait alors demander à ce que l'État lui achète son
terrain, et, de son côté, l'État pourrait avoir intérêt à
profiter de cette occasion, soit pour agrandir son domaine forestier, supprimer des enclaves, soit même
pour installer la propriété domaniale dans des parties
du territoire où elle n'existe pas, ou desquelles les
aliénations malheureuses du siècle dernier l'ont fait
disparaître. On a même parlé d'aller plus loin dans
cette voie, et d'armer l'État d'un nouveau droit d'ex-
propriation pour acquérir toutes les forêts atteintes
ou détruites par des faits de guerre. Nous estimons
que cette extension serait très fâcheuse, et que la
faculté d'acquisition amiable suffit. Il importe de se
prémunir contre une tendance de « nationalisation »
à outrance qui ne se fait aujourd'hui que trop fréquemment sentir. C'est une conséquence des nécessités
de la guerre qui obligent actuellement l'État à assumer
bien des fonctions qui, en temps normal, doivent lui
rester étrangères. Il sera bien préférable, lorsque ce
temps sera revenu, de faire appel à l'initiative privée,

qu'il convient seulement d'encourager par tous les moyens.

Quelle que soit l'aide qu'il sera possible à l'Administration de donner aux propriétaires, ce secours ne sera jamais que partiel, exceptionnel, et c'est sur eux-mêmes que ces propriétaires devront surtout compter pour la remise en valeur de ces quelque 500.000 hectares de bois que la guerre aura plus ou moins endommagés. Or, nous avons vu qu'à côté de quelques grands propriétaires, qui peuvent s'assurer le concours d'agents compétents pour diriger et exécuter leurs travaux, l'immense majorité des détenteurs du sol forestier est formée de petits propriétaires qui risquent de se trouver isolés, incertains des mesures à prendre pour choisir les meilleures méthodes, les procédés les plus économiques dans l'emploi de l'indemnité qui leur est allouée. Pour obvier à cet isolement, on ne saurait trop souhaiter de voir appliquer à cette œuvre si importante les bienfaits de l'association. Déjà, dans certaines régions, existent des syndicats forestiers (1); d'autres devront être immédiatement créés, afin d'englober partout au nombre de leurs adhérents tous ceux à qui va s'imposer, à bref délai, la charge de reconstituer la forêt. Par le moyen de ces syndicats, les intéressés obtiendront partout à des conditions avantageuses les graines et les plants, et, de plus, des conseils et une aide efficace que les agents de l'Administration, occupés de

---

(1) Ces syndicats sont reliés à un organe central, le « Comité des forêts », bien placé à Paris pour soutenir et faire valoir leurs droits auprès des pouvoirs publics.

leur côté à une très lourde tâche dans les forêts domaniales et communales, pourraient se trouver dans l'impossibilité de leur fournir. En subventionnant ces syndicats, en les mettant ainsi en mesure de remplir des
fonctions auxquelles ils seront très vite préparés,
l'État pourra rendre aux particuliers, dans l'intérêt
public, les plus précieux services.

En prévision de cette reconstitution de la forêt
détruite ou endommagée par des faits de guerre,
beaucoup de forestiers se sont déjà demandé quels
procédés devront être employés de préférence, et nous
avons, à ce sujet, toute une littérature qui ne peut
manquer de s'augmenter encore. Ces procédés seront
nécessairement très variés suivant le climat, la nature
du sol, et surtout suivant l'état dans lequel se trouvera la forêt à panser et à guérir. La description des
remèdes préconisés nous entraînerait trop loin; mais
nous pouvons cependant prévoir, dans leurs lignes
générales, les opérations qui seront le plus fréquemment nécessaires. Ce sera d'abord une sorte de net-
toyage de la forêt : enlèvement de tous les bois
plus ou moins endommagés, ravalement des souches
et suppression des broussailles qui encombrent le sol.
Puis, après cette préparation qui permettra d'y voir
clair, reboisement des vides, par semis ou plutôt par
plantation; et, dans ces vides, l'emploi d'essences à
croissance rapide, susceptibles de donner des arbres
d'avenir, telles certaines espèces exotiques, pourra
être utilement conseillé. Si la détérioration de la
forêt est plus grave, s'il s'agit d'une reconstitution
complète, après que le sol aura été sommairement

nivelé, il faudra procéder à l'installation d'une essence transitoire, pin noir ou pin sylvestre, par exemple, et ici le procédé du semis sera plus facilement employé.

Très rarement, il sera possible de refaire la forêt avec les mêmes essences que celles du peuplement détruit, aussi bien dans les forêts feuillues que dans les forêts résineuses. Nous aurons donc, en plaine, des îlots reconstitués très différents des forêts voisines, où le chêne, le hêtre et le charme ne reviendront que beaucoup plus tard. En montagne, nos magnifiques sapinières, source incomparable de richesses lorsqu'elles étaient bien conduites, feront place soit à des épicéas, soit à des pineraies sous le couvert desquelles le sapin pectiné ne réapparaîtra qu'à la longue. L'aspect de certaines régions en sera considérablement modifié non seulement pour notre génération, mais aussi pour celle de nos fils; et, pendant plus d'un siècle peut-être, en constatant ces disparates qui trancheront violemment sur l'ensemble de la forêt française, le voyageur pourra dire : « Les Allemands ont passé là. »

Nancy, novembre 1916.

NANCY, IMPRIMERIE BERGER-LEVRAULT — DÉCEMBRE 1916